BEI GRIN MACHT SICH IHR WISSEN BEZAHLT

- Wir veröffentlichen Ihre Hausarbeit,
  Bachelor- und Masterarbeit

- Ihr eigenes eBook und Buch -
  weltweit in allen wichtigen Shops

- Verdienen Sie an jedem Verkauf

Jetzt bei www.GRIN.com hochladen und kostenlos publizieren

Bibliografische Information der Deutschen Nationalbibliothek:

Die Deutsche Bibliothek verzeichnet diese Publikation in der Deutschen National-
bibliografie; detaillierte bibliografische Daten sind im Internet über http://dnb.d-
nb.de/ abrufbar.

Impressum:

Copyright © 2009 GRIN Verlag, Open Publishing GmbH
Druck und Bindung: Books on Demand GmbH, Norderstedt Germany
ISBN: 9783640363407

Dieses Buch bei GRIN:

http://www.grin.com/de/e-book/130733/von-der-globalisierung-vergessen

Cornelia Cordes

Von der Globalisierung vergessen?

Das Beispiel des Middle East - Die Arabische Halbinsel und der Iran

GRIN Verlag

GRIN - Your knowledge has value

Der GRIN Verlag publiziert seit 1998 wissenschaftliche Arbeiten von Studenten, Hochschullehrern und anderen Akademikern als eBook und gedrucktes Buch. Die Verlagswebsite www.grin.com ist die ideale Plattform zur Veröffentlichung von Hausarbeiten, Abschlussarbeiten, wissenschaftlichen Aufsätzen, Dissertationen und Fachbüchern.

Besuchen Sie uns im Internet:

http://www.grin.com/

http://www.facebook.com/grincom

http://www.twitter.com/grin_com

Universität Bremen   SoSe 2009
Institut für Geographie

Seminar: Fallstudien aus Europa und Nordamerika
Veranstaltungsnummer: 08-27-4-H4-2B

Von der Globalisierung vergessen?
Das Beispiel des *Middle East*:
Die Arabischen Halbinsel und der Iran

Seminararbeit
vorgelegt von:

Cornelia Cordes
Studiengang: Geographie (HF), Kulturwissenschaft (NF)
Semester: 4 / 2
Abgabedatum: 01.06.2009

Gliederung

1. Einleitung und zentrale Fragestellungen

Von der Globalisierung vergessen ist ein provokant gewählter Titel. Bezogen auf die Arabische Halbinsel und den Iran sollte jedoch folgendes hinzugefügt werden: *...oder wird eine Integration verweigert?* Laut der International Trade Statistics der World Trade Organization (WTO) von 2008 beläuft sich der Anteil dieser Region am weltweiten Güterwarenexporte im Jahr 2007 nur auf 5,6% (WTO 2008, Seite: 10). Ein Artikel des International Monetary Fund gibt zudem an, dass jedoch immer noch ca. zwei Drittel dieses Exportumsatzes der ölfördernden Länder im *Middle East* auf Öl basieren (IMF 2003). MOSSIG (2009) definiert als die wichtigsten Indikatoren für die Teilnahme oder auch Abkopplung von der Globalisierung den Anteil von Direktinvestitionen und weltweiten Güterwarenexporten eines Landes. Betrachtet man nun die Zahlen in den Statistiken der WTO, lässt sich allerdings sagen, dass das Betrachtungsgebiet als Ganzes zwar nur marginal an der Globalisierung partizipiert, es jedoch große regionale Differenzen gibt. Wieso ist dies so und welche Faktoren spielen hierbei eine Rolle? Als zentrale Frage wird in dieser Arbeit geklärt, ob ursächlich kulturelle Gründe der entscheidende Faktor für die differenzierte und partiell geringe aber auch hohe Integration im Globalisierungsprozess sind.

Diese Hausarbeit teilt sich in zwei Abschnitte. Der Hauptteil wird die zentrale Fragestellung einer ursächlich kulturellen wirtschaftlichen Abkopplung bearbeiten. Der zweite Abschnitt wird anhand von zwei Fallbeispielen nochmal verdeutlichen, dass diese Region eine sehr heterogene Entwicklung, sowohl in geschichtlicher als auch politisch und wirtschaftlicher Hinsicht, erlebt hat. Zunächst gebe ich einen Überblick über die Staaten des *Middle East* und lege das zu betrachtende Gebiet fest. Anschließend gehe ich auf Samuel Huntingtons These des *„Clash of Civilizations"* (Huntington 1993) ein. Sind es wirklich originär kulturell bedingte Faktoren, wie er es in seinem gleichnamigen Buch „The Clash of Civilizations" beschreibt, die eine bewusste wirtschaftliche Nichtintegration in den Globalisierungsprozess verursacht haben? Oder ist die von ihm geschaffene kulturelle Plattentektonik vielmehr ein bewusst konstruiertes geopolitisches Weltbild, das nach dem Ende des Kalten Krieges in das Vakuum des aufgelösten Blockdenkens getreten ist und nun von beiden Seiten politisiert und „ökonomisiert" werden konnte? Um anschließend diese Fragen klären zu können, werde ich einen kurzen Überblick über die historische und wirtschaftliche Entwicklung des *Middle East* der letzten knapp 100 Jahre geben. Das folgende Kapitel 3.3: *Der nahöstliche Blick auf die heutigen Verhältnisse* wird, aufbauend auf den gewonnenen Erkenntnissen, die oben genannten Fragen versuchen zu klären und zu diskutieren inwieweit kulturelle Unterschiede wirklich eine Rolle spielen. Zum besseren Verständnis wird anschließend ein Zwischenfazit gegeben. Abschließend wird an zwei Fallbeispielen, den Vereinigten Arabischen Emiraten (VAE) und dem Iran, aufgezeigt wie verschiedenartig sich Volkswirtschaften in derselben Region entwickeln konnten und welche Faktoren dazu beigetragen haben. Die Fallbeispiele sollen zudem verdeutlichen, dass die Staaten des *Middle East* partiell keinesfalls von der Globalisierung *vergessen*, sondern eng in die globalen Wirtschaftsbeziehungen eingebunden sind.

2. Geographische Abgrenzung des betrachteten Gebietes

Als Betrachtungsgebiet möchte ich mich hier auf den *Middle East*, wie er im International Trade Statistics-Bericht der WTO (2008) abgegrenzt wird, beziehen. Es handelt sich hierbei um die Arabische Halbinsel und

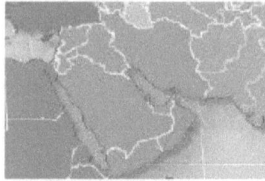

den Iran. Diese Abgrenzung schließt folgende Länder ein: Jemen, Saudi Arabien, Irak, Islamische Republik Iran, Libanon, Syrien, Israel, Jordanien, Kuwait, Katar, Bahrain, Oman und die VAE. Diese Abgrenzung geht mit den statistischen Daten konform, die in dieser Arbeit benutzt werden. In der Abb. 1 wird mit dem hellblau eingefärbten Bereich das in dieser Arbeit betrachtete Gebiet dargestellt.

Abb. 1: The Middle East.
Eigene Bearbeitung nach:
http://www.wto.org/english/res_e/statis_e/its
2008_e/its2008_e.pdf (22.05.2009).

3 Der „Clash of Civilizations" als fragwürdiges Konstrukt der westlichen Welt

Die Theorie des „Clash of Civilizations" von Samuel P. Huntington (1993) besagt, dass nach dem Ende des Kalten Krieges der ideologische Blockkonflikt Kommunismus vs. Kapitalismus durch Raum- und Kulturkonflikte (*Bruchlinienkriege*) ersetzt werde (Reuber & Wolkersdorfer 2002). Mit dem Wegbrechen des gemeinsamen Feindes Kommunismus stünden sich nun wieder die alten Feindbilder Christentum und

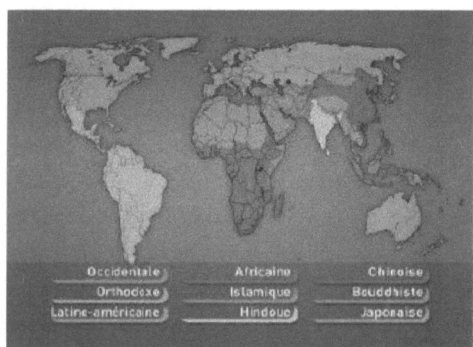

Islam gegenüber (Huntington 1993). In Abb. 2 werden die acht Kulturkreise Huntingtons auf einer Weltkarte dargestellt. Er definiert hier Kultur / Zivilisation als die Zugehörigkeit zu einer bestimmten Religionsgruppe und beschreibt in seinem Buch, dass es zukünftig, wie auch schon in der Vergangenheit, insbesondere Konflikte zwischen der nordamerikanisch-westeuropäische-christlich-demokratischen Zivilisation und der antidemokratischen islamischen Zivilisation geben werde. Geographisch verortet werden die Zivilisationen in Abb. 2 durch den dunkelblauen

Abb. 2: Die acht Kulturkreise nach Huntington. Quelle:
http://www.arte.tv/de/Die-Welt-verstehen/mit-offener-karten/392,CmC=523798,view=maps.html
(22.05.2009).

(westlich) und den grünen (muslimisch) Bereich. Er sagt, es läge in der Natur beider Kulturen, dass sie nicht gleichwertig nebeneinander existieren könnten, sondern sich vor allem aufgrund ihrer universalistischen Geltungseinstellung bekriegen müssten (Huntington 1993).

Der zentrale Aspekt für diese Hausarbeit ist jedoch seine Ansicht auf die Adaptionsfähigkeit nahöstlicher/islamischer Gesellschaften im Zuge der Modernisierung im Globalisierungsprozess. In seinem Buch bezieht er sich nicht nur auf politische Aspekte, sondern seine These findet vor allem in der Modernisierungstheorie Anknüpfungspunkte. Diese Theorie sieht die ursächlichen Gründe für eine

Unterentwicklung in einem Land in grundsätzlich endogenen Faktoren (Nohlen 2002). HUNTINGTON (1993) ist der Meinung, dass es für eine Modernisierung unabdingbar sei, westliche Grundwerte, Sprachen, Institutionen und den Laizismus (säkularer Staat: Trennung Religion und Regierung) anzunehmen, sowie sich vom alten Gedankengut zu verabschieden. Nur wenn man westliches Gedankengut akzeptiere, sei man in der Lage sich zu technisieren und zu entwickeln. Diese Sichtweise wird, auch mit dem Hintergrund des allgemeinen Versagens der Modernisierungstheorie in den Entwicklungsländern, kontrovers diskutiert. HUNTINGTON (1993) jedoch meint, dass aufgrund der Unvereinbarkeit der Kulturen es unausweichlich zu Konflikten kommen wird und somit kein Anpassungsprozess stattfinden kann. Um nun eine Antwort auf die Frage geben zu können, inwieweit diese Ansichten haltbar sind, muss ein Blick auf die historische und wirtschaftliche Entwicklung in der Region geworfen werden.

3.1 Historische Entwicklung: Staatenbildung und der imperialistische Einfluss nach dem Ersten und Zweiten Weltkrieg

Nach dem Zusammenbruch des Osmanischen Reiches (1919) gipfelten die kolonialen Experimente in den britisch-französischen Völkerrechtsmandaten. Vor dem Ersten Weltkrieg stand das hier betrachtete Gebiet zu einem großen Teil unter der Herrschaft des Osmanischen Reiches. Einen Überblick über dessen Dimensionen bekommt man in Abb.3, in der die gewaltige Ausdehnung des Reiches auf seinem Höhepunkt im 16ten Jahrhundert deutlich wird. Nach dem Ende des Ersten Weltkrieges koinzidierte der Wettlauf um die Dominanz im Ölgeschäft mit der imperialen Aufteilung der Region (Kreutzmann 2005). In der gesamten Golfregion traten schon seit dem Altertum immer wieder Öl und Gas an die Oberfläche und als im Iran 1908 durch englische Prospektoren zum ersten Mal Öl gefunden wurde, begann der Wettlauf um Konzessionen

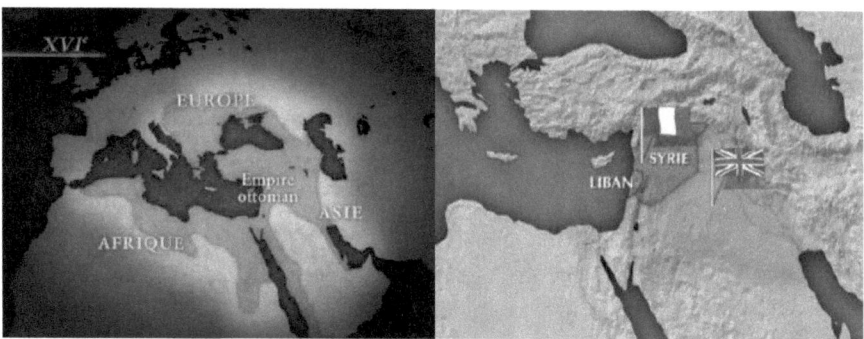

Abb.3 : Das Osmanische Reich im 16ten Jahrhundert. Quelle: http://www.arte.tv/de/Die-Welt-verstehen/mit-offenen-karten/392,CmC=704620,view=maps.html (22.06.2009)

Abb.4 Der imperialistische Einfluss nach dem Ende des Ersten Weltkrieges. Quelle: http://www.arte.tv/de/Die-Welt-verstehen/mit-offenen-karten/392,CmC=710434,view=maps.html (20.06.2009)

(Ehlers 2005). Der erhöhte Bedarf der Kolonialmächte an diesem Rohstoff durch z.B. die Umstellung von Kriegsschiffen (England) von Kohle auf Ölantrieb und der industrielle Aufschwung in Europa, machte es ungemein wichtig günstige Erdölquellen zu erschließen. Auf der Konferenz in San Remo (1920) erhielt Frankreich ein Mandat vom Völkerbund über Syrien sowie den Libanon und Großbritannien sicherte sich die

Gebiete des heutigen Irak, Palästina und Transjordanien (Gabriel 1999)(siehe Abb.4). Die von den imperialistischen Mächten in der Folgezeit neu geformten Staaten sind das Resultat „eines anglo-französischen Imperialismus hinsichtlich der klaren Abgrenzung von Einflusssphären zur Vermeidung bilateraler Konflikte und zur Sicherung von Verkehrswegen und Rohstoffquellen" (Kreutzmann 2005, S. 5)

Diese im Sykes-Picot-Abkommen (1916) ausgehandelte Aufteilung war jedoch konträr zu dem, was man im Vorfeld den arabischen Stämmen der Halbinsel versprochen hatte. Unter Mitwirkung von *Gertrude Bell*, *H.J.B. Philby* und *Oberst T.E. Lawrence (Lawrence of Arabia)* waren die arabischen Stämme überzeugt worden im Ersten Weltkrieg mit den Alliierten gegen die Türken zu kämpfen. Als Gegenleistung sollten sie nach dem Sieg ein Großarabisches Reich gründen können. Dies wurde aber mit den besagten geheimen Verhandlungen von *Sykes* (England) und *Picot* (Frankreich) untergraben. Und so kam es nach dem Ende des Ersten Weltkrieges um 1920 zu dem „universalhistorischen Maximum der kolonialen Aufteilung der Welt" (Kreutzmann 2005, S. 5).

Die Territorien von Bahrain (1820 bis 1971), der heutigen Vereinigten Arabischen Emirate (1820 – 1971) und des Omans (1891 – 1971) unterstanden schon seit dem 19. Jahrhundert britischem Einfluss, da die Krone ihren Herrschaftsanspruch in dieser Region, mit Blick auf die „Perle des Orients"- Indien, festigen wollte (Gabriel 1999, S. 595). Im Zuge der Staatenbildung im Nahen Osten wurden weitere Grenzen, zum Beispiel die der VAE (1971) und anderer Staaten, unter dem Protektorat Großbritanniens und Frankreichs gezogen. Als einzige Länder, die nicht unter einer direkten oder indirekten politischen Herrschaft standen, aber zum Teil durch wirtschaftliche Interessen politisch beeinflusst wurden, sind die Türkei, Saudi Arabien, der Iran und Afghanistan zu nennen. Die in Abb. 1 nachvollziehbaren Grenzen sind ein kolonial-imperialistisches Produkt und ohne Berücksichtigung ethnischer, religiöser, historischer und wirtschaftlicher Gegebenheiten gezogen worden. Betrachtet man diesen Entstehungsprozess kann somit von „Pseudostaaten" (Gabriel 1999, S. 594) nach europäischem Vorbild gesprochen werden, die zur Zeit ihrer Gründung allerdings weder frei, noch Staaten mit institutionellen Einrichtungen waren, wie wir sie aus Europa kennen. Es hat bis heute auch nie einen Prozess des bewussten nationbuildings gegeben, was ein Festhalten der alten Eliten an ihrer Machtstellung, sowie zahlreiche militärischen Konflikte zur Folge hatte (Gabriel 1999).

3.2 Wirtschaftliche Entwicklung, Politik und heutige Einbindung in die Weltwirtschaft

In den ersten Jahren nach dem Zweiten Weltkrieg wird die wirtschaftliche Entwicklung im Betrachtungsgebiet als sehr positiv beschrieben. Der Nachkriegsölboom bescherte Staaten wie dem Iran, dem Irak und der erdölreichen Golfregion einen immensen Aufschwung. Es bestanden gute Aussichten auf eine positive wirtschaftliche Entwicklung. Jedoch bestätigten sich diese Hoffnungen nicht. Erstens zerstörten während der Dekaden des Kalten Krieges in einigen Ländern verschiedene militärische Konflikte die Chancen auf eine nachhaltige Entwicklung und zweitens ließ die westliche politische und ökonomische Einmischung in vielen Ländern bis in die Siebziger und teilweise bis heute nicht nach. Neue Protagonisten traten auf das Spielfeld. Im Laufe der rund vierzig Jahre des Kalten Krieges sollten vor allem die USA als neuer Einflussfaktor in der Region von Bedeutung sein (Henry & Springborg 2001).

Der westliche Einfluss lässt sich zumeist mit den ökonomischen Interessen begründen. Denn hauptsächlich der Westen profitierte in der ersten Zeit von den Erlösen der immensen Erdölfördermengen, die den Aufschwung der Wirtschaft in Europa und den USA vor allem nach dem Zweiten Weltkrieg befeuerten. Die Staaten des *Middle East* waren zur Zeit der Erdölkonzessionsvergaben (koloniale Praxis zur Ausbeutung von Rohstoffen) bettelarm und konnten keine erforderliche Infrastruktur ausbauen. So waren in den ersten Jahrzehnten die eigentlichen Nutznießer z.b. England (BP im Iran) und die USA (Aramco in Saudi Arabien). Nach dem zweite Weltkrieg bemühten sich die Länder ihren gerechten Anteil an den Profiten der Erdölförderung zu bekommen, jedoch mit wenig Erfolg. Die „royalties" (Zahlungen für Konzessionen) wurden zwar schrittweise etwas angehoben, dies reichte aber nicht aus. Die westliche Mitgestaltungsmacht wird an einem Beispiel besonders deutlich. Als 1951 der iranische Premier *Mossadegh*, die im Iran agierenden Ölkonzerne verstaatlichen ließ, reagierte der Westen. Als ein Boykott des iranischen Öls nichts brachte, wurde *Mossadegh* mit Hilfe der CIA 1953 gestürzt und der seit 1951 zwischenzeitlich ins Exil verbannte *Mohamad Reza Shah Pahlavi*, Sohn des 1941 von den Alliierten abgesetzten *Reza Shah Pahlavi*, mit Hilfe der USA wieder in seinem Amt eingesetzt. Ein internationales Konsortium (erstmals mit Beteiligung der USA im Iran) gründeten im Anschluss die National Iranian Oil Company (NIOC). Der staatliche Anteil an den Profiten wurde der üblichen Praxis in arabischen Ländern angepasst und somit niedrig gehalten. Die NIOC übernahm nun die Ausbeutung der iranischen Ölfelder (Kreutzmann 2005 / Ehlers 2005).

Die im Jahr 1960 gegründete OPEC (Organization of Petrol Exporting Countries) wurde für die ölfördernden Staaten zum ersten handlungsfähigen Organ, dass die regionalen Interessen gegen den Westen durchsetzen konnte. Es folgten die „Nationalisierung von Ölquellen, die Übernahme von Konzessionsträgern und weitere restriktive Konzessionsvergaben (Kreutzmann 2005, S. 7)". Als im Jahr 1973 der Yom Kippur Krieg ausbrach und die erste internationale Ölkrise als Folge des Boykotts der arabischen Staaten gegen die Verbündeten Israels die westliche Wirtschaft schwer traf, wurden die Weichen für eine signifikante wirtschaftliche Transformation der Staaten des *Middle East* gestellt. Die Industriestaaten entschlossen sich eine Diversifikation ihrer Energielieferanten vorzunehmen, um unabhängiger von den herkömmlichen Öllieferanten zu sein. Diese Diversifizierungsstrategie hatte natürlich negative Auswirkungen auf die Menge der Ölexporte der Region in westliche Länder. Gleichzeitig folgten aber die meisten OPEC Mitglieder einer Verstaatlichungspolitik, mit der sie eine Übernahme der Kapitalmehrheiten an den in ihrem Land agierenden Ölgesellschaften erlangten. Die vermehrte Partizipation an den Erdöleinnahmen versetzte sie deshalb finanziell in die Lage, eine Diversifikation der Wirtschaft einzuleiten und auch finanzielle Beteiligungen an großen internationalen Unternehmen vorzunehmen. Es setzte so in einigen Staaten eine Strukturveränderung ein, deren Auswirkungen man heute besonders in den VAE (siehe Kap. 4) aber auch in Saudi Arabien sehen kann(Kreutzmann 2005). Inwieweit dies allerdings nachhaltig gelungen ist, betrachtet man den noch immer hohen Anteil von Rohstoffen am Export, wird hier kurz diskutiert.

Der Nahe Osten spielt seit Jahrzehnten eine wichtige Rolle als Rohstofflieferant und ist als passiver Partner in den Globalisierungsprozess eingebunden. Durch die starke Monostrukturierung im Ölsektor sind die Produzenten jedoch von internationalen Käufermärkten abhängig. Laut POPP (1999) konnte die gesamtwirtschaftliche Entwicklung nur mit Hilfe von ausländischem Know-How vorangetrieben werden. Eine Diversifizierung der Wirtschaft gelang nur im Ansatz und beruht weitestgehend auf dem Ölsektor. Trotz großer Bemühungen im Agrar- und Industriebereichs ist es bisher nicht gelungen die Importabhängigkeit erheblich zu reduzieren und einen Exportüberschuss in diesen Bereichen zu erwirtschaften. Die „(...)Enge des internen (...) [und die] recht unflexible Zugänglichkeit des globalen Marktes" (Scholz & Müller 1999, S: 611), sowie die Ähnlichkeit der entstehenden Branchen und die Abhängigkeit von ausländischem Know-How, die Abnahme von Rohstoffen und die geringe Verfügbarkeit von einheimischen Arbeitskräften tragen dazu bei, dass der Ausbau einer diversifizierenden Industrie schnell an seine Grenzen stößt (Scholz & Müller 1999).

3.3 Der nahöstliche Blick auf die heutigen Verhältnisse

Um den Blickwinkel, also die Verweigerungshaltung, vieler Muslime auf die Globalisierung und die oben genannte geopolitische Theorie einer kulturellen Einteilung der Welt zu verstehen, muss man die historischen Ereignisse aus den vorangegangen Kapiteln kennen und interpretieren können. FÜRTIG (2001) beschreibt in seinem Artikel „Muslime in der Globalisierung", dass die Globalisierung in weiten Teilen der muslimischen Welt als Fortsetzung des westlichen Imperialismus und der Hegemonialpolitik, sogar als „höchste Entwicklungsform des westlichen Imperialismus" (Fürtig 2001, S.21) definiert werde. Die Implementierung eines kapitalistischen Marktsystems, sowie die gewollte globale Durchsetzung von demokratischen Regierungsformen, würden von Ihnen als weiterer imperialistischer Eingriff gesehen. Die muslimischen Staaten sind zudem während des Kalten Krieges zum Spielball der Protagonisten des Westens und Ostens geworden. Weiterhin blieb auch ihre sekundäre Stellung im Weltwirtschaftssystem als Rohstofflieferanten und Absatzmarkt nach ihrer Unabhängigkeit seit den 1960ern bestehen und ihr wirtschaftlicher sowie politischer Einfluss änderte sich kaum. Das Ende des Kalten Krieges hätte in den Augen der Muslime eine weltpolitische Umpolung hin zu der Macht- und Einflusszunahme einer, der Weltbevölkerung nach repräsentativ zusammengesetzten UNO, mit sich bringen müssen und somit das Ende des westlichen Imperialismus einläuten können. Doch stattdessen wurde vom Westen die immanente Überlegenheit ihres Systems gefeiert. Wirtschaftliche Macht wird im selben Atemzug genannt wie politische Macht (Fürtig 2001).

In der muslimischen Welt wird Huntingtons These folgendermaßen interpretiert. Es wird dem westlichen Kapitalismus vorgeworfen, immer ein Feindbild zu brauchen, um sich definieren zu können. Da der

Kommunismus dafür nun nicht mehr herhalten könne, würde eben ein neues Feindbild konstruiert. Diesen „Fehdehandschuh" (Fürtig 2001, S. 28) nahmen z.B. muslimische Fundamentalisten gerne auf. „As far as we are concerned we herewith declare that we shall wage a relentless war on West and its rotten system(...)."(Fürtig 2001, S.28) war die Antwort von Musa Saleem in seinem Buch „The Muslims and the New World Order" von 1993 (Fürtig 2001). Eine weitere wesentliche Kritik nicht nur von Seiten der Muslime ist die Folgende. Die Darstellung der islamischen „Kultur" als homogene Masse ist kategorisch abzulehnen. Betrachtet man die islamische Religionslandschaft, so muss vor allem zwischen Sunniten und Schiiten unterschieden werden. Gleichzeitig gibt es zusätzlich noch regional verschiedenartige Religionsausprägungen, wie den Wahabismus in Saudi Arabien oder den suffistisch angehauchten Islam in Marokko (Reuber & Wolkersdorfer 2002). Gleiches gilt auch für alle anderen Regionen der Welt. Die Grundsätze Huntingtons Theorie sind somit schon im Kern anzweifelbar. Neben der Theorie Huntingtons erlangte das Buch „The End of History and the last Man" von Francis Fukuyama (1992) in der islamischen Welt ebenso eine zweifelhafte Berühmtheit. Im Westen heftig kritisiert und schnell wieder vergessen, wirken seine Aussagen in der islamischen Welt bis heute nach. Dieses Konzept stilisiert das Ende des Kalten Krieges zum Endpunkt der Geschichte. Er konstatiert in seinem Buch, dass es nach dem Untergang des Kommunismus nun ein „Ende der Geschichte" geben werde, denn es würde eine weltweite „universalization of Western liberal democracy as the final form of human government" (Fürtig. H, 2001: S. 23) stattfinden. In dieser Aussage stecke die Auffassung des Westens nun endgültig die Überlegenheit der westlichen Systeme (Politik, Wirtschaft und Kultur) bewiesen zu haben.

3.4 Ein Zwischenfazit

Die oben beschriebenen Prozesse, Theorien und Zusammenhänge hatten Konsequenzen. Die Eliten des Nahen Ostens gabeln sich heute in zwei Lager: Die „Globalisierer" und die „Moralisierer" (Henry & Springborg 2001, S: 223). Die ersteren wollen eine Synthese zwischen Globalisierung und Tradition herstellen, die letzteren sich dieser vollends verschließen und zu einem Urzustand der islamischen Gesellschaft zurückkehren (Henry & Springborg 2001/ Fürtig 2001). Auf die Leitfrage, ob es einen ursächlich kulturellen Grund für die Abkopplung einiger Staaten des *Middle East* vom Prozess der Globalisierung gibt, kann nach Erörterung der oben genannten Sachverhalte mit nein geantwortet werden. Dies wäre eine sehr vereinfachende Aussage, welche alle historisch politischen, sozialen und ökonomischen Entwicklungen in dieser Region nicht beachten würde und sich somit als nicht haltbar erwiesen hat.

Kulturelle Unterschiede als ursächlicher Grund für die Verweigerungshaltung einiger Staaten sind demnach vielmehr das Produkt der oben diskutierten historisch- politischen Prozesse und können demzufolge nicht als originär betrachtet werden.

4 Die Einbindung von Staaten des *Middle East* in den Prozess der Globalisierung anhand von Fallbeispielen

Der Betrachtungsraum darf wie gezeigt nicht als homogene Masse wahrgenommen werden. Das Kapitel 2 und seine Unterpunkte haben in dieser Arbeit bereits dargelegt, dass dies in historischer sowie religiöser Hinsicht nicht so ist. Anhand von Fallbeispielen möchte ich nun die Entwicklung von zwei sehr verschiedenen Staaten im Ansatz aufzeigen und zuerst ihre wirtschaftliche Einbindung in den Welthandel anhand von Indikatoren darstellen. Die VAE mit dem Emirat Dubai und der gleichnamigen Stadt als „Globalem Ort" sind ein Musterbeispiel für die Integration in den Welthandel (Scholz 2005). Als konträres Beispiel wird die Islamische Republik Iran aufgezeigt, die sich seit dem Sturz des Schahs 1979, dem folgenden Wirtschaftsembargo der USA und Verstaatlichung eines Großteils der Wirtschaft und des Finanzsystems, von der Globalisierung abgekoppelt hat. Es handelt sich hier also um Staaten, die den oben genannten Kategorien der „Globalisierer" und „Moralisierer" entsprechen. Weshalb die heutige Situation so ist, wie sie ist, wird in Kapitel 4.2 erläutert.

4.1 Der Iran und die VAE Untersuchung der weltwirtschaftlichen Integration durch Indikatoren von 1995 bis 2007

Im Folgenden werden beide Staaten anhand von verschiedenen Indikatoren untersucht.

Foreign Direct Investments

Anhand der Daten im Anhang 1 führe ich die Foreign Direct Investments (FDI) als einen der beiden zu nennenden Globalisierungsindikatoren auf. In der Abb. 5 sind die FDI vergleichend ab 1995 für verschiedene Regionen dargestellt. Man kann erkennen, dass die entwickelten Länder über den Betrachtungszeitraum hinweg stets mehr als 50 % der weltweiten FDI Flüsse in sich aufnehmen. Im Jahr 2000 erreicht der „Inward FDI Flow" (Unctad 2008) der entwickelten Länder einen Höchststand von 81 %, womit den Entwicklungsländern nur ein Anteil von 18 % blieb (1% Rundungsfehler). Es wird keine Abstufung in Transformationsländer bzw Schwellenländer unternommen. Man kann anhand der Graphik erkennen, dass der Anteil des Betrachtungsgebietes am „Inward FDI Flow" bis 2000 bei unter 2 % lag. Erst ab 2001 nimmt er bis 2006 kontinuierlich auf ca. 5 % zu und sinkt in 2007 wieder auf 4 % ab. In Anhang 2 kann die Entwicklung nochmal separat für die beiden Fallbeispiele verfolgt werden. In Abb. 6 ist zu erkennen, dass die VAE 2007 einen wesentlich höheren Anteil von 0,72%, im Gegensatz zu dem Iran von 0,04%, des weltweiten Inward FDI Flow erhielt. Betrachtet man die Zahlen in 2007 für die gesamte Golfregion, so fällt auf, dass nur wenige Länder einen Großteil dieser Direktinvestitionen, nämlich 83 %, in sich vereinen. Von den 4 % gingen anteilig 34 % nach Saudi Arabien, knapp 31 % in die Türkei und ca. 19 % sind in die VAE geflossen (UNCTAD 2008).

Weltweite Güterwarenexporte

Der zweite wichtige Indikator zur Feststellung der Integration in den Welthandel ist der Anteil einer Volkswirtschaft am weltweiten Export. In Anhang 3 Abb. 7 wird die Entwicklung der weltweiten Güterexporte für den Iran und die VAE ab 1995 bis 2008 auf Basis der Daten der WTO Statistic Database (2009) aufgezeigt. Vergleicht man diese Zahlen mit dem weltweiten Anteil des *Middle East* in 2007 von 5,6% (WTO 2008), so lässt sich sagen, dass die VAE mit 1,3 % etwas mehr als 23% des gesamten regionalen Weltmarktanteils auf sich vereinen. Unter Betrachtung der geringen Bevölkerungszahl von 4,1 Mio, verglichen z.B. mit dem Iran 69,09 Mio. (siehe Tab. 1) und seinem Anteil am weltweiten Güterhandel von 0,63 %, ist hier ein deutlicher Unterschied sichtbar. Die VAE exportieren prozentual und pro Kopf weit mehr als der Iran und sind, wenn man beide Indikatoren betrachtet, wesentlich besser in den globalen Markt eingebunden (WTO 2009 / WTO 2008).

Weitere Indikatoren der wirtschaftlichen Entwicklung

Diese Tabelle veranschaulicht wichtige Daten zur wirtschaftlichen Entwicklung in den Fallbeispielen und stellt Deutschland als Vergleichsgröße dar. Es wird im Text nur auf einige der hier genannten Indikatoren eingegangen.

Tab. 1: VAE, der Iran und Deutschland - Ein Vergleich			
2005 (2007)	**VAE**	**Iran**	**Deutschland**
Bevölkerung in Mio.	4,10 (80% Ausländer)	69,09	82,47
Bevölkerungswachstum	2,70%	1,60%	-0,10%
GDP in Mrd US $	133.00	192,21	2,791.44
GNI pro Kopf (PPP)/T US$	25,51	7,97	31,68
Jährliches GDP Wachstum	8,20%	7,80%	0,80%
HDI Rang, Report 07/08	39	94	22
% Inward FDI Flow/ Welt (2007)	0,72%	0,04%	2,78%
Anteil Güterwarenexport Welt (2007)	1,29%	0,63%	9,46%

Eigene Bearbeitung nach: Worldbank(2009): www.worldbank.org. (25.05.2009). UNDP (Human Development Report) (2007 / 2008) : www.undp.org (25.05.2009). WTO (2009): Statistic Database. (31.05.2009)

4.2 Die islamische Republik Iran und die VAE: Historische Entwicklung

Betrachtet man die historische Entwicklung beider Länder, so lassen sich z.B. schon seit dem Antike große

Disparitäten in der Entwicklung aufzeigen. Der Iran als Heimatland der Persischen Hochkultur hat in Jahrtausenden ein ausgeprägtes Städtewesen aufbauen können. Im Gebiet der VAE siedelten jedoch seit Jahrhunderten nur Nomadenvölker und das heutige Städtewesen und die Infrastruktur sind ein Produkt westlicher Einflussnahme. Die grundlegenden Voraussetzungen für eine Integration in den Weltmarkt hätten im 20 Jahrhundert nicht verschiedener sein können. Wie kommt es aber nun, dass sich in den letzten 25 Jahren seit der islamischen Revolution eine genau gegensätzliche Entwicklung eingestellt hat?

4.2.1 Die Islamische Republik Iran

In den Jahren seit Entdeckung des Erdöls 1908 im Iran, waren zwar sowohl der Iran als auch das Gebiet der VAE britisches (Iran auch russisches) später amerikanisches Einflussgebiet (Ehlers 2005). Der Iran ist jedoch anders, als die im Jahre 1971 unter britischer Federführung gegründeten VAE politisch stets souverän geblieben und unterstand nie einer direkten ausländischen Herrschaft, wurde aber durch wirtschaftliche Interessen politisch stark von England beeinflusst. Es gibt laut EHLERS (2005) drei entscheidende Faktoren, die zur islamischen Revolution im Jahre 1979 führten. Der „erste Makel" (Ehlers 2005, S: 23) des Shahregimes, verursacht durch Interventionen aus dem Westen, ist der Sturz *Reza Shah Pahlavis* und die Einsetzung seines Sohnes *Mohamad Reza Shah Pahlavi* durch die Briten im Jahre 1941. Als zweiter entscheidender Faktor gilt der Sturz des Premiers *Mossadegh* im Jahre 1953 mit Hilfe der CIA. Durch die Wiedereinsetzung *Mohamad Reza Shah Pahlavis* und der Gründung der NIOC erhielten die USA einen immensen wirtschaftlichen und politischen Einfluss auf die Region (Kreuzmann 2005 / Ehlers 2005). Die nun ständig gestiegenen Erdölexporte und somit auch Deviseneinnahmen führten zu einem Modernisierungsschub, der eine starke Urbanisierung und Industrialisierung zur Folge hatte. Diese Prozesse jedoch bewirkten die Verschärfung der Stadt-Landdisparitäten auf kultureller und ökonomischer Ebene. Als dritter entscheidender Faktor für die Entstehung der islamischen Revolution 1979 wird somit die Verwestlichung der Wirtschaft und der Kultur im urbanen Raum, sowie auch die Militarisierung des Landes mit Hilfe der USA gesehen. Die Revolution wurde zum Großteil von der ländlichen Bevölkerungsmehrheit getragen, die während der Regierungszeit des Shahs keine Verbesserung ihrer Lebensverhältnisse erleben konnte und somit empfänglich für die Rhetorik der Revolutionäre unter Ayathollah Khomeini waren (Ehlers 2005).

Um nun die heutige Situation des Iran zu erklären sind oben genannte und folgende Faktoren wichtig. Erstens wirkt das Erbe des Irak-Iran Krieg (1980 – 1988) wirtschaftlich und politisch immer noch nach. Zweitens hat das Handelsembargo der USA die Wirtschaft des Iran schwer getroffen und selbst nach einer schrittweisen Öffnung ab Ende der 1990er konnte die am Boden liegende Wirtschaft den Herausforderungen des internationalen Wettbewerbs nicht standhalten. Drittens haben die Verstaatlichung großer Teile der Wirtschaft und des gesamten Finanzsystems (dieses z.B. liegt heute im Chaos) zu einer Stagnation in der Entwicklung geführt und dazu beigetragen, dass keine Diversifizierung der Wirtschaft stattfinden konnte. Und schließlich ist die anti westliche Haltung, die das Land mit der Revolution erfasste, bis heute aus der Politik (zwar mit Schwankungen) nicht mehr wegzudenken (Henry & Springborg 2001 / Ehlers 2005)

4.2.2 Die VAE mit DUBAI

Als Öllieferant sind die kleinen Golfstaaten, unter anderem auch die VAE, seit den 1960ern die wichtigsten weltweit. Mit der Unabhängigkeit den 70ern wurden sie aufgrund der nun vielen Petrodollars zu guten Absatzmärkten, was als „Dollarrecycling" (Scholz 2005, S: 12) bezeichnet wurde. Seit den 1990ern zeichnet sich jedoch ein bemerkenswerter Wandel ab. Trotz oder gerade wegen der guten wirtschaftlichen Basis von Öl und Gas nutzten die VAE die Chancen ihrer Finanzkraft, die sich ihnen seit der Deregulierung der Weltwirtschaft und Liberalisierung des Weltfinanzmarktes boten (Scholz 2005).

Vor allem das Emirat Dubai begann damit seine Wirtschaft zu diversifizieren und die Möglichkeit der nachholenden Entwicklung auszunutzen. Die technische und soziale Infrastruktur wurde ausgebaut und ein Verkehrs- und Siedlungswesen infolge der Sesshaftmachung der ansässigen Nomaden unternommen. Dubai funktioniert, wie auch alle anderen Emirate der VAE, nach dem Rentierstaatprinzip. Dies bedeutet vereinfacht, dass allein die Eliten einen direkten finanziellen Zugang zu den Umsätzen aus der Erdölindustrie haben, die ärmliche einheimische Bevölkerung aber durch „Renten" daran partizipieren lässt. Somit erfolgt eine Umverteilung von Finanzmitteln an die Bevölkerung, der keine reale Wertschöpfung zugrunde liegt. Weiterhin werden mit diesen Finanzmitteln Beschäftigungsmöglichkeiten für die Bevölkerung z.B. in der Verwaltung, dem Militär oder der Polizei geschaffen. Die einheimische Bevölkerung (auch als „nationals" bezeichnet (Popp 1999: S. 589)), die nur ca. 20 % der tatsächlichen heutigen Bevölkerung von 4,1 Mio. ausmacht (siehe Tab. 1) ist somit privilegiert. Billiglohnkräfte aus Indien, Pakistan, dem Iran etc. führen alle schweren Arbeiten und Dienstleistungen durch. Den privilegierten Einheimischen geht es folglich finanziell sehr gut und somit haben sie keinen Grund etwas gegen die Einbindung in die Globalisierung zu unternehmen (Scholz 2005).

Es wurde auch erkannt, dass die Rohölreserven endlich sind und somit eine Umstrukturierung der Wirtschaft stattfinden muss. Da aber die nationale und regionale Marktenge den industriellen Ausbau begrenzt, wird der Hauptschwerpunkt heute auf den Ausbau von Dubai als Touristenort, Finanzzentrum, Immobilienmarkt und Umschlagplatz für den Containerverkehr gelegt. In Dubai herrscht folgender Grundsatz: „Diversity, Tolerance, respect and acceptance of others is not just an expression of social solidarity, but a profound economic good" (Scholz 2005, S: 13). Man kann sagen, dass Dubai bemüht ist, seine geographisch strategisch günstige Lage im arabischen Golf zu nutzen und sich mit dem Ausbau seiner Strukturen einen Platz als *Acting Global City* in der Welt zu sichern. Das Ziel ist es irgendwann zum „Singapore of the Middle East" zu werden (Scholz 2005, S.17).

5 Fazit

Die anfangs gestellte Leitfrage, ob die wirtschaftliche Abkopplung des *Middle East* sich originär auf kultureller Ebene begründen lässt, möchte ich in diesem Fazit nochmals grundsätzlich verneinen. Als Ursache für die heutige partielle bewusste Abkopplung der Wirtschaft einiger Staaten des *Middle East* kann vielmehr ein Konglomerat aus verschiedensten Faktoren gesehen werden. Zum einen muss die koloniale Geschichte berücksichtigt werden, die viele der heutigen Probleme, wie Kriege, die autokratisch-diktatorischen Regime, die monostrukturelle wirtschaftliche Aufstellung vieler Länder und die daraus resultierenden politischen, sozialen und ökonomischen Probleme begründet hat. Zum anderen ist, als weiterer wichtiger Faktor, die immer während wirtschaftliche und politische Anwesenheit des Westens nach der Kolonialzeit aufgrund des Rohstoffes Öl zu nennen. Nicht zu vergessen ist zudem die psychologische Ebene, auf der gebrochene Versprechen (Sykes / Picot), politische Einmischung (Mossadegh / Iran) und geopolitische Theorien (Huntington / Fukuyama) eine große Rolle spielen. All diese Faktoren führen zu einer Aufspaltung der Meinungshaltungen und demnach auch der Politiken auf horizontaler Ebene. Es bildeten sich die sogenannten „Globalisierer" und „Moralisierer" heraus, die durchweg konträre Meinungen zur Integration in die Globalisierung vertreten. Die Fallbeispiele Iran und VAE machten dies anhand ihrer Geschichte und der heutigen Einbindung in die Globalisierung deutlich. Die Globalisierungsverweigerungshaltung des Iran liegt nicht in der Andersartigkeit der Kultur begründet, sondern in der Geschichte der letzten 100 Jahre, die geprägt ist durch gebrochene Versprechen, soziale und kulturelle Umwälzungen und vor allem durch politische sowie wirtschaftliche Einmischung aus dem Westen, die für die Mehrheit der Bevölkerung nichts Gutes gebracht hat. Das Gegenbeispiel der VAE mit Dubai zeigt auf, dass hier eine ganz andere Entwicklung stattgefunden hat. Obwohl oder gerade weil der Westen hier immensen technologischen, wirtschaftlichen und auch kulturellen Einfluss hatte, ist Dubai stark in die Globalisierung eingebunden. Hier gibt es aber kaum einheimische Verlierer, da alle „nationals" durch Rentenzahlungen von den Erdöleinnahmen profitieren und somit keine materiellen Mängel haben.

Es bleibt abzuwarten wie sich die Politik und damit die Grundlage der Wirtschaft der Länder des *Middle East* in den kommenden Jahren, auch in Hinblick auf die Wahlen im Iran in diesem Jahr und die Nahostpolitik von Barack Obama, verändern wird und inwieweit eine positive Entwicklung bezüglich der Integrationshaltung vieler nahöstlicher Staaten erfolgen kann.

Literatur

Ehlers, E. (2005): Die islamische Republik Iran. Geopolitik zwischen Erdöl und Atomwirtschaft. Geographische Rundschau 57, Heft 11: S. 22 – 31.

Fürtig, H. (2001): Muslime in der Globalisierung. H. Fürtig (Hg): Islamische Welt und Globalisierung. - Sammlung interdisziplinärer Studien 10, Würzburg, S. 17 – 52.

Gabriel, E. (1999): Zur Grenzbildung in Arabien. Geographische Rundschau 51, Heft 11: S. 593 – 599.

IMF (International Monetary Fund) (2003): Challenges of Growth and Globalization in the Middle East and North Africa. http://www.imf.org/external/pubs/ft/med/2003/eng/abed.htm. (30.05.2009)

Henry, C.M. & Springborg, R. (2001): Globalization and the Politics of Development in the Middle East. Cambridge University Press: Cambridge UK.

Huntington, S.P. (1993): The Clash of Civilizations and the Remaking of World Order. Simon & Schuster: New York.

Kreutzmann, H. (2005): Ölinteressen in der Region des Persischen Golfs. Politisch-territoriale Transformationen vom Osmanischen Reich zum „Greater Middle East". Geographische Rundschau 57, Heft 11: S. 5 – 11.

Mossig, I. (2009): Vorlesungsunterlagen SS 2009: Geographien der Globalisierung und Regionalisierung. Universität Bremen.

Nohlen, D. (Hg) (2002): Lexikon Dritte Welt. Länder, Organisationen, Theorien, Begriffe, Personen. Rowohlt Taschenbuch Verlag: Hamburg.

Popp, H. (1999): Die Arabische Halbinsel: Wandel und Beharrung. Geographische Rundschau 51, Heft 11: S. 588 – 592.

Reuber, P. & Wolkersdorfer, G. (2002): Clash of Civilizations aus Sicht der kritischen Geopolitik. Geographische Rundschau 54, Heft 7/8: S. 24 – 28.

Scholz, F. & Müller, R. (1999): 39 Jahre Ölreichtum in den kleinen Golfstaaten. Wie nachhaltig ist die beispiellose Entwicklung? Geographische Rundschau 51, Heft 11: S. 605- 612.

Scholz, F. (2005): Die „kleinen" arabischen Golfstaaten im Globalisierungsprozess – Beispiel Dubai. Geographische Rundschau 57, Heft 11: S. 12 – 20.

UNCTAD (United Nations Conference on Trade and Development)(2008): Inward FDI flows, by Host Region and Economy, 1970 - 2007, 24/09/08. http://www.unctad.org/Templates/Page.asp? intItemID=3277&lang=1. (25.05.2009)

UNDP (United Nations Development Programme) (2008a): Human Development Report 2007/2008: http://hdr.undp.org/en/media/HDR_20072008_EN_Complete.pdf. (25.05.2009)

UNDP (United Nations Development Programme) (2008b): Human Development Reports: http://hdr.undp.org/en/countries/alphabetical2008/ (25.05.2009)

Worldbank (2009): Data Profile. (http://ddp-ext.worldbank.org/ext/ddpreports/ViewSharedReport? &CF=&REPORT_ID=9147&REQUEST_TYPE=VIEWADVANCED. (25.05.2009)

WTO (World Trade Organization) (2008): International Trade Statistics 2008:
http://www.wto.org/english/res_e/statis_e/its2008_e/its2008_e.pdf. (31.05.2009)

WTO (World Trade Organisation) (2009): Statistic Database.
http://stat.wto.org/StatisticalProgram/WSDBStatProgramHome.aspx?Language=E. (31.05.2009)

Abbildungen

Abb. 1: The Middle East. Quelle: www.wto.org.

Abb. 2: Die acht Kulturkreise nach Huntington. Quelle:
http://www.arte.tv/de/Die-Welt-verstehen/mit-offenen-karten/392,CmC=523798,view=maps.html
(22.05.2009)

Abb. 3: Das Osmanische Reich im 16. Jahrhundert. Quelle:
http://www.arte.tv/de/Die-Welt-verstehen/mit-offenen-karten/392,CmC=704620,view=maps.html
(22.05.2009)

Abb. 4: Der imperialistische Einfluss nach dem Ende Ersten Weltkrieges. Quelle:
http://www.arte.tv/de/Die-Welt-verstehen/mit-offenen-karten/392,CmC=710434,view=maps.html#
(20.05.2009)

Abb. 5: Inward FDI Flows by Host Region and Economy.
Eigene Bearbeitung nach: http://www.unctad.org/Templates/Page.asp?intItemID=3277&lang=1 (25.05.2009)

Abb. 6: Vergleich Inward FDI Flows. Islamische Republik Iran und Vereinigte Arabische Emirate.
Eigene Bearbeitung nach: http://www.unctad.org/Templates/Page.asp?intItemID=3277&lang=1 (25.05.2009)

Abb. 7: Prozentualer Anteil am weltweiten Güterwarenexport. Islamische Republik Iran und Vereinigte
Arabische Emirate.
Eigene Bearbeitung nach: http://stat.wto.org/StatisticalProgram/WSDBViewData.aspx?Language=E.
(31.05.2009)

Tabellen

Tab. 1: VAE, der Iran und Deutschland- Ein Vergleich. Eigene Bearbeitung nach: Worldbank(2009):
www.worldbank.org. (25.05.2009), UNDP (Human Development Report) (2007 / 2008) : www.undp.org
(25.05.2009), WTO (2009): Statistic Database. (31.05.2009).

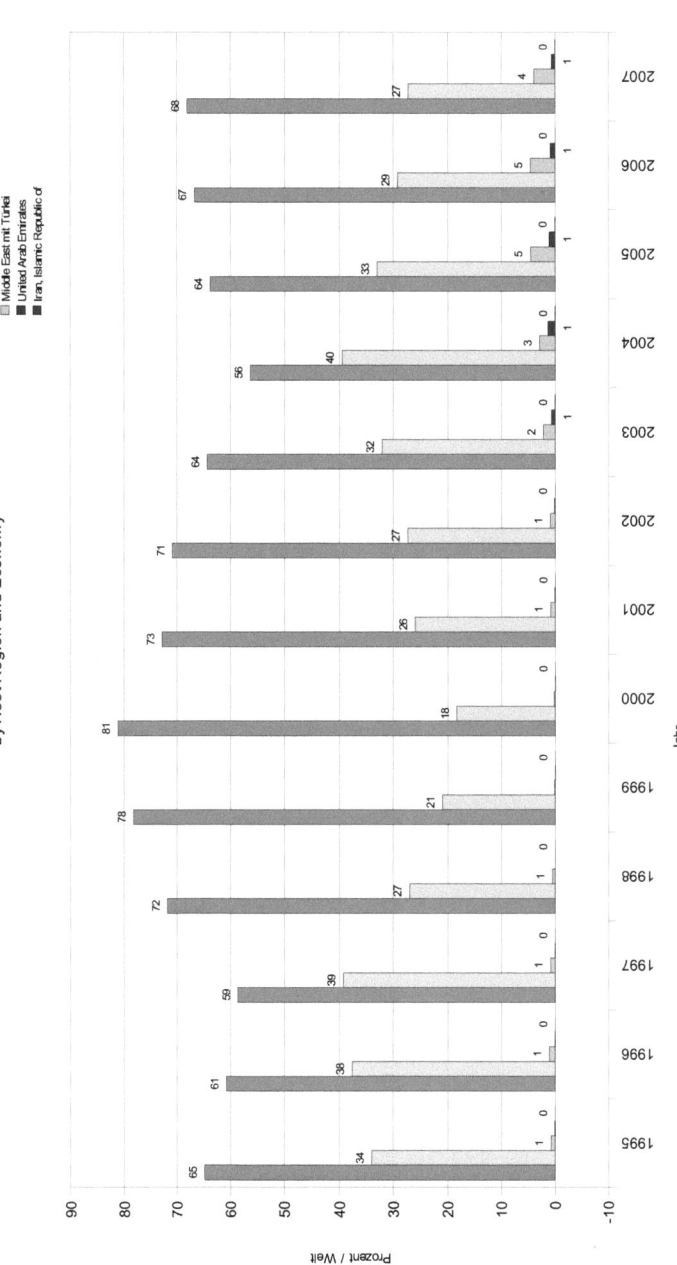

Anhang 1

Abb. 5: Inward FDI Flows by Host Region and Economy.

Eigene Bearbeitung nach: http://www.unctad.org/Templates/Page.asp?intItemID=3277&lang=1 (25.05.2009)

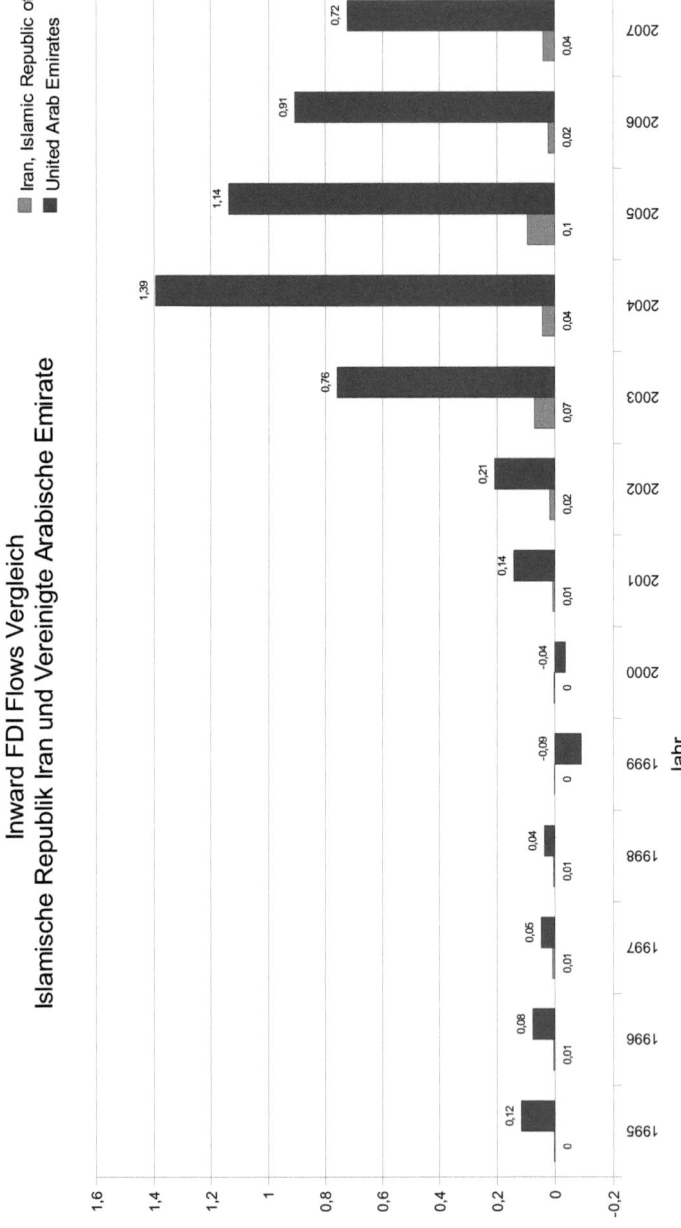

Anhang 2:
Abb. 6: Vergleich Inward FDI Flows. Islamische Republik Iran und Vereinigte Arabische Emirate.
Eigene Bearbeitung nach: http://www.unctad.org/Templates/Page.asp?intItemID=3277&lang=1 (25.05.2009)

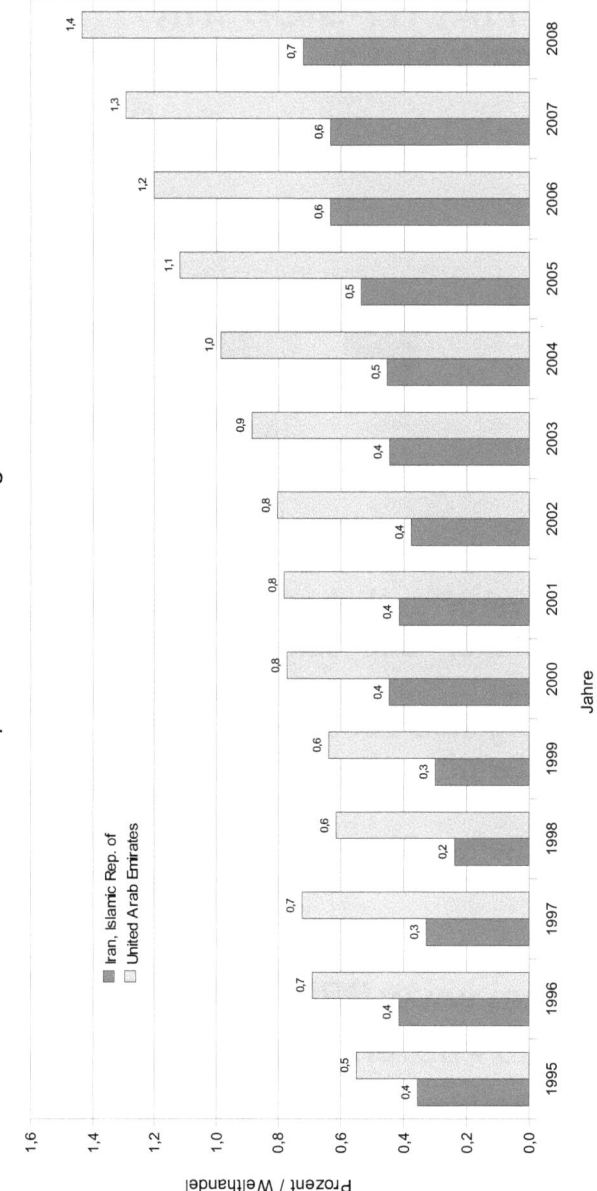

Prozentualer Anteil am weltweiten Güterwarenexport
Islamische Republik Iran und Vereinigte Arabische Emirate

Anhang 3:
Abb. 7: Prozentualer Anteil am weltweiten Güterwarenexport. Islamische Republik Iran und Vereinigte Arabische Emirate.
Eigene Bearbeitung nach: http://stat.wto.org/StatisticalProgram/WSDBViewData.aspx?Language=E (31.05.2009)